LA DIRECTION DES ARBRES

PAR LE

PINCEMENT DES FEUILLES

ET NOTAMMENT

DU PÊCHER

Par GRIN aîné, Horticulteur à Chartres.

3e ÉDITION, REVUE ET CORRIGÉE.

Prix : 1 fr. 50 c.

SE VEND

A CHARTRES : Chez L'AUTEUR, Rue Bourgneuf, n° 36,

A PARIS : Chez GOUIN, éditeur, rue des Écoles, 82,

ET CHEZ TOUS LES LIBRAIRES DU DÉPARTEMENT.

—

1873.

S

LA DIRECTION DES ARBRES

PAR LE

PINCEMENT DES FEUILLES

Tout exemplaire non revêtu de ma signature sera
réputé contrefait.

NOGENT-LE-ROTROU, IMPRIMERIE DE A. GOUVERNEUR.

LA DIRECTION DES ARBRES

PAR LE

PINCEMENT DES FEUILLES

ET NOTAMMENT

DU PÊCHER

Par GRIN aîné, Horticulteur à Chartres.

3ᵉ ÉDITION, REVUE ET CORRIGÉE.

SE VEND

A CHARTRES : CHEZ L'AUTEUR,

Rue Bourgneuf, nº 36,

ET CHEZ TOUS LES LIBRAIRES DU DÉPARTEMENT.

1873

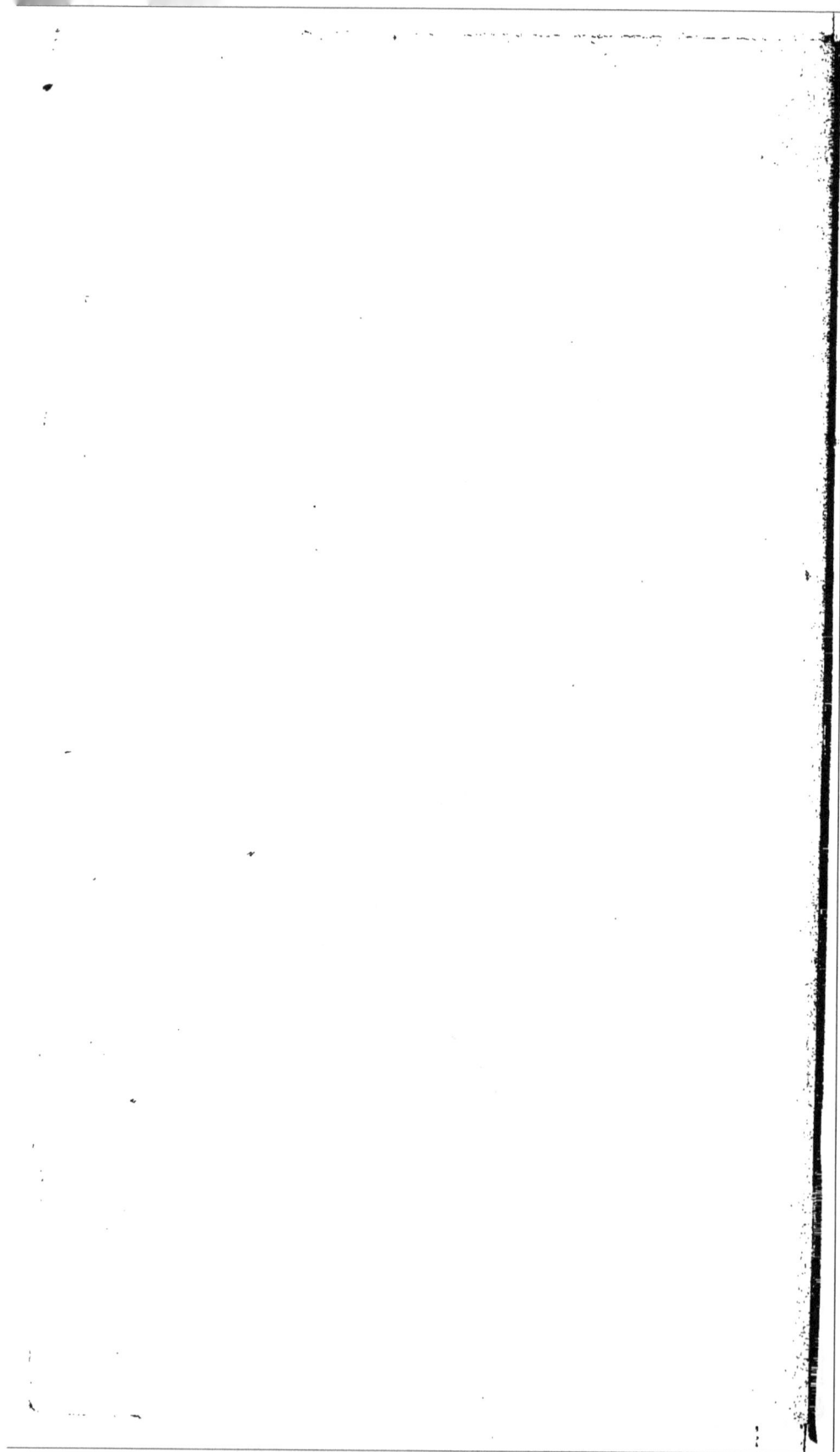

AVANT-PROPOS

Tout le monde reconnaît l'utilité de l'arboriculture : c'est à cette science que nous devons l'abondance toujours croissante de nos récoltes ; mais cette science doit-elle rester dans le domaine exclusif des privilégiés de l'intelligence ? — J'affirme que, sans études premières, sans leçons, sans frais, un homme doué de bons sens et surtout d'une grande pérsévérance, peut et doit, en suivant ma nouvelle méthode *du simple pincement des feuilles*, devenir un habile arboriculteur.

Qu'il me soit permis de raconter ici en quelques mots l'histoire de ce que j'ose appeler une *nouveauté*, une *découverte*.

Pendant bien des années, je m'étais conformé aux prescriptions des maitres avec la plus scrupuleuse exactitude. De bon compte c'était bien du travail, bien des soins ; si du moins j'en avais été récompensé par une abondante récolte ! mais, hélas ! mes pêchers se dénudaient au centre comme ceux du voisinage, et l'extrémité des branches me donnait seule des fruits toujours trop peu nombreux.

Le dépit de mes insuccès me fit réfléchir : je pensai que Dieu, dans son inépuisable bonté, n'avait pas donné à l'homme des pêchers pour qu'ils restassent infructueux, je dus en conclure que l'homme, avec toute sa science, était l'auteur maladroit de tant de mécomptes, et qu'il fallait à toute force et au plus tôt recourir à d'autres expédients.

J'ai procédé lentement ; je voulais savoir, et pour cela, j'étudiais non pas à mes moments perdus, et quand je n'avais rien de mieux à faire, mais sans désemparer, mais sans autre préoccupation ; j'avais tout à apprendre, aussi étais-je attentif à toutes choses ; pour me garantir des erreurs, je renouvelais mes essais et consignais avec scrupule les moindres circonstances, que d'autres peut-être auraient considérées comme insignifiantes ; je ne me contentais pas de quelques visites à mes arbres, je vivais, je puis dire, au milieu d'eux. C'est ainsi qu'on arrive à les comprendre, comme la mère devine ce qu'éprouve son enfant sans qu'il ait à exprimer ses besoins, ses souffrances.

Cette comparaison peut paraître exagérée, mais il faut qu'elle soit vraie pour arriver au succès ; l'homme qui ne sait pas quitter son lit pendant les rigueurs du temps pour sauver ses fleurs, ses plantes, ses fruits contre une gelée inattendue et intempestive, n'est pas un bon jardinier, un véritable arboriculteur.

Ce n'est pas accidentellement que je me relevais pour courir à mes arbres, c'était chaque fois qu'un brusque changement de température pouvait mettre en défaut mes soins et mes prévisions de la veille.

Que de fois depuis vingt-cinq ans ne me suis-je pas relevé la nuit pour les protéger contre l'intempérie des saisons ! aussi je pourrais dire : *nous nous connaissons*. Les opinions que j'émets, les propositions que je formule, sont le résultat de vingt-cinq années d'études et de recherches.

Oui, je me suis imposé vingt-cinq années de labeurs et de peines, mais j'en étais dédommagé plus tard ; oui, j'étais vraiment heureux quand je pouvais offrir des fleurs pendant l'hiver, et dans la saison des fruits, des produits plus beaux que ceux qu'à grands frais on pouvait se procurer au marché. Dans les grandes fêtes de l'hiver à Chartres, les camélias et les fleurs de Grin rivalisaient avec ce que produisaient les serres les mieux tenues, et moi qui n'ai jamais vendu ni une fleur ni un fruit, j'éprouvais une satisfaction qui me faisait largement oublier toutes les peines passées.

Ce qui me permet de croire que je suis dans le vrai, c'est que sans bruit, sans démarches, sans protection, sans prôneur, la vérité que j'ai dite a été acceptée par les personnes les plus éminentes, notamment par M. *Dubreuil*, l'un des hommes les plus compétents en arboriculture ; il n'a pas craint de se déplacer plusieurs fois pour visiter mes arbres, il a voulu lui-même préconiser la direction que je leur donnais.

Dès l'année 1854, dans un journal de la localité, j'ai publié qu'on pouvait arrêter le développement des bourgeons anticipés par le simple pincement des feuilles, opération qui me donnait dans la même année des branches à bois à la base et des productions fruitières à la seconde pousse de feuilles.

Dans la séance du 2 novembre 1862, la Société impériale et centrale d'horticulture émettait l'opinion que, à l'aide de mon simple pincement, on évitait le travail du palissage, on réduisait par suite de moitié la distance entre les branches charpentières et l'on pouvait établir des pêchers de grandes formes, de grandes dimensions, beaux, vigoureux et très-productifs. Plus tard une commission de la même Société exprimait cette pensée d'autant plus flatteuse que je ne l'avais pas provoquée : « Il faut laisser à M. Grin l'honneur d'avoir vulgarisé l'idée première, fait qui a le mérite réel d'une *véritable initiative.* »

J'écrivais dans la *Revue horticole* de Paris, 1er octobre 1864, que, par une admirable combinaison des lois de la nature, chaque feuille du pêcher possède à sa base six yeux, et que chacun de ces yeux possède lui-même six feuilles à sa base ; c'est à l'intelligence de l'homme de faire développer à son gré, soit des rameaux à bois, soit des productions fruitières ; là se trouve réellement, ajoutais-je, la base fondamentale de l'arboriculture.

Dans le courant de l'année 1865, trois commissions du comité d'arboriculture sont venues à Chartres pour étudier mon procédé, en reconnaître et constater les résultats.

Voici ce que disait M. Jamain dans un rapport du commencement de l'année 1866 : « Cette nouvelle découverte est très-importante en arboriculture ; elle est appelée à jouer un grand rôle, puisqu'elle met la direction des arbres à la portée de tout le monde. »

M. de La Roy, secrétaire de la Société d'horticulture de Meaux, écrivait dans la *Revue horticole* du 1er mai 1866 : « Les expériences de M. Grin aîné, de Chartres, prouvent que le simple pincement des feuilles pratiqué en temps opportun suffit pour maintenir la sève en équilibre et obtenir la mise à fruit ; » il dit ailleurs : « M. Grin aîné poursuit ses études et ses recherches avec un zèle et un dévoûment au-dessus de tout éloge. M. Grin est un simple propriétaire amateur, il ne professe point, il n'a aucun intérêt à préconiser une méthode plutôt qu'une autre, il ne cherche qu'une chose : la sim-

1*

plification de l'arboriculture, la méthode à la portée de tout le monde, il croit l'avoir trouvée par la conduite des arbres au moyen du pincement; il indique à tous son procédé; dans le seul but de répandre cette méthode, qui simplifie considérablement la culture des arbres, il a tenu à apporter lui-même au comité d'arboriculture de la Société de Paris des branches de nombreuses variétés de pêchers traitées d'après la méthode du pincement des feuilles et parfaitement garnies de boutons à la base de toutes les coursonnes. Sans aucun doute, les châteaux qui tiennent à observer l'architecture fruitière, à montrer de grandes surfaces garnies de formes savamment combinées, continueront à appliquer la belle méthode de notre habile collègue, M. Lepère, de Montreuil; mais les chaumières, qui n'ont point de hautes murailles à garnir et qui sont bien aises cependant de manger ou de produire de beaux fruits à peu de frais et en abondance, adopteront certainement la méthode de M. Grin. »

A la séance du 22 août 1866, le rapport de la Société d'horticulture disait : « Nous engageons chaque jardinier à consacrer un pêcher ou deux pour étudier le mode de faire qui est suivi par le praticien de Chartres. »

Enfin, M. Carrière, rédacteur en chef de la *Revue horticole*, dans le n° du 1er janvier 1867, regardait le simple pincement des feuilles comme ayant acquis plus que l'importance d'une expérieuce à faire. Cette découverte s'élevait à ses yeux à la hauteur d'un fait accompli.

Dans de telles conditions, puisque mon nom a été cité, puisque mes travaux ont été l'objet de plusieurs rapports, et que de nombreux visiteurs ont pris la peine de venir à Chartres pour examiner et suivre mes essais, puisque surtout beaucoup d'autres m'ont écrit pour solliciter des instructions générales sur l'arboriculture et spéciales sur ma méthode, j'ai dû céder à de vives et nombreuses instances, et pour répondre à tous sans écrire à chacun, je me détermine à publier cet opuscule. Dans la crainte que ma méthode soit mal comprise par les uns, mal interprétée par d'autres ou dénaturée même par quelques-uns, et qu'on ne se trouve ainsi entraîné dans de fâcheuses déceptions, je me résous à sortir de l'obscure réserve dans laquelle je me renfermais, et je vais, non pas me faire auteur, mais sans prétentions et sans phrases expliquer mon système du *simple pincement des feuilles.*

J'aurai atteint mon but si mes amis récoltent ainsi que moi de beaux et bons fruits. Un pêcher d'une force moyenne peut sans fatigue donner 150 fruits et plus même s'il est vigoureux : on se plaint que le commerce des fruits ne prend pas d'extension en France, parce que sous le régime des procédés actuels la production est stationnaire : suivez ma méthode du simple pincement des feuilles et l'abondance de la récolte sera doublée pour le moins.

Enfin je croirai avoir fait une œuvre utile si les instituteurs primaires qui apprennent et enseignent la taille des arbres, si les hommes laborieux, qui n'ont ni le temps ni l'espace nécessaires pour suivre les anciennes méthodes, sont assez heureux pour voir comme moi sur leur modeste table des fruits non moins beaux que ceux des grands vergers du château voisin, dont le jardinier longtemps encore sans doute suivra les anciens errements et par sa taille savante convertira les arbres fruitiers en arbres d'agrément...; non pas que je dise qu'avant moi il n'y eût de belles pêches, ma seule prétention est, dans un espace donné d'en avoir une plus grande quantité, sans craindre la comparaison, même avec *Montreuil*, cette terre classique et privilégiée du pêcher.

Sans avoir la prétention de faire un traité de physiologie végétale, il est quelques principes généraux qu'on ne saurait trop répéter pour les mettre à la portée de toute personne qui s'occupe d'arboriculture; il est bon de les retrouver jusque dans les opuscules les plus modestes pour n'avoir pas à les rechercher ailleurs. Dans un premier chapitre, je rappellerai donc quelques notions essentielles sur l'eau, sur l'air et sur la chaleur.

Mais surtout il est indispensable que le lecteur et l'auteur soient en communauté d'idées, et qu'il n'y ait pas d'interprétation différente sur la valeur des expressions techniques, nécessairement employées; il m'a donc paru convenable de commencer cette nouvelle édition par des explications nettes et précises sur tout ce qui se rattache à l'arboriculture par un vocabulaire.

J'ai la mémoire fort bonne encore; mais pour ne rien perdre de tout ce qui se dit auprès de moi, je suis dans l'usage d'écrire chaque soir les observations que j'ai entendues pour en faire mon profit, et mon cahier de notes est assez gros; tant de personnes ont bien voulu se déplacer pour venir de près et de loin visiter mon petit et modeste jardin : observations banales, suffrages, éloges, critiques, j'ai tout consigné pour faire profit de tout. Si l'on remarque dans tout mon travail quelques parties moins ternes, c'est l'idée et le langage de tel ou tel visiteur que j'aurai utilisés, ce n'est donc pas entièrement à moi qu'il faut s'en prendre; j'aurai, comme le geai, ramassé quelques plumes de paon. Ce qui m'appartient bien en propre, c'est d'avoir généralisé et posé en système un procédé, bien ancien sans doute, comme tant de bonnes choses actuellement oubliées ou méconnues, d'en avoir longtemps étudié les applications et les résultats; mon seul regret est d'avoir si mal habillé les conseils et les préceptes de mon maître comme il est ou devrait être le grand maître de tous : le bon sens !

C'est d'abord par le pincement court, que je pratiquais depuis 1851, et après des améliorations successives et en coupant avec les ongles les jeunes rameaux au-dessus de deux bons yeux bien développés, que je suis parvenu à trouver le moyen de diriger mes arbres par le simple pincement des feuilles.

Si pendant le mois d'avril on a négligé de pincer les feuilles stipulaires à la moitié de leur longueur, en mai ou juin on est bien obligé de pincer ou de couper les bourgeons au-dessus de deux yeux, l'œil supérieur devant nécessairement se développer en rameau ; mais si on pince ces feuilles à la moitié de leur longueur avant leur développement (voir la figure 2), cette simple opération constituera ce même bourgeon en productions fruitières, et ce bourgeon de la base deviendra un rameau à bois pour servir de branche de remplacement.

Cette simple opération préservera les arbres des tailles en vert, qui les privent de nombreux rameaux, et par conséquent d'une grande quantité de feuilles organes indispensables à leur existence et à leur longévité.

LA DIRECTION DES ARBRES

PAR LE

PINCEMENT DES FEUILLES

❦

CHAPITRE Ier.

NOTIONS GÉNÉRALES PRÉLIMINAIRES QUE L'ARBORICULTEUR NE DOIT JAMAIS OUBLIER.

§ 1er. — De l'Eau.

L'eau est indispensable à l'existence des plantes, elle joue le rôle le plus important dans la végétation ; partout on la rencontre, dans le sol, dans l'air, dans le corps des arbres.

1° *Dans le sol ;* l'eau dissout les substances propres à la nutrition des plantes, elle s'empare de l'acide carbonique dans l'humus, et permet à une multitude de substances de pénétrer dans le corps des végétaux.

2° *Dans l'atmosphère*, à l'état de vapeur, l'eau produit ces bienfaisantes rosées, qui remédient pendant les grandes chaleurs à la sécheresse du sol. Sans eau il n'y a point de nutrition et par conséquent pas de végétation possible : mais il ne faut pas que le volume d'eau dépasse certaine proportion voulue ; en effet un sol trop humide produira du bois mal constitué et pas de fleurs ; si, au contraire, le sol était trop sec, les arbres se couvriraient de fleurs et ne produiraient pas de bois.

Il faut donc, pour éviter ce double inconvénient, combattre l'humidité par les amendements, et la sécheresse par les paillis épais, par des aspersions sur les feuilles, par des arrosements à l'engrais liquide, afin de placer les arbres dans des conditions d'humidité qui leur assurent une végétation et une fructification convenables.

La trop grande humidité de l'atmosphère n'est pas moins à redouter : les arbres fleurissent sans produire de fruits. Sous l'influence de brouillards trop fréquents, l'humidité délaie le pollen et lui enlève sa vertu fécondante. Pour obvier à ce mal on a recours aux abris ; il faut, pour préserver les arbres en espalier, établir un chaperon mobile de 30 centimètres environ au sommet du mur pendant le temps de la floraison. Ce moyen suffit pour assurer la fructification, et dès que le fruit est formé, vers le mois de mai, on retire l'abri qui n'a plus d'utilité. Plus simplement encore, lorsque les corolles sont ouvertes, profitez d'une belle journée, frappez légèrement les fleurs à l'aide d'un plumeau, le pollen tombera infailliblement sur les pistils et fécondera les ovaires.

C'est ici le lieu de faire remarquer que de tous les arbres fruitiers, le pêcher est celui qui a le plus besoin d'abri, parce qu'il fleurit avant tous les autres. Aussi ne faut-il jamais compter sur des récoltes certaines, quand on ne prend pas la précaution d'abriter ses pêchers et de les protéger contre les gelées du printemps. Les chaperons mobiles que je viens d'indiquer comme remède à l'excès d'humidité pourront aussi servir de préservatif contre les gelées blanches.

3° *Dans le corps des arbres*, sous le nom de sève, l'eau, saturée des principes de nutrition qu'elle a trouvés dans le sol, leur sert de véhicule pour les transporter jusque dans les cellules des feuilles, laboratoires chimiques, utiles réservoirs où la sève, modifiée et convertie en cambium, vient concourir à l'accroissement et à la reproduction de l'arbre. La sève est le sang des arbres et des plantes ; il m'est avis qu'en arboriculture aussi bien qu'en chirurgie, on doit se montrer chaque jour plus avare des opérations qui font perdre du sang à l'homme, et à l'arbre de la sève qui ne lui est pas moins indispensable et qui forme son principal élément de vitalité.

§ 2. — De l'Air.

L'air n'est pas moins indispensable à la végétation que l'eau, dont j'ai montré la nécessité. Sans l'acide carbonique, sans le carbone que l'air contient, la sève ne se convertirait pas en cambium.

La germination elle-même ne peut s'accomplir sans le secours de l'air qui traverse le sol, et les racines pourrissent quand elles sont soustraites à son influence.

En outre l'oxygène concourt puissamment à la décomposition des engrais ; il faut donc, pour obtenir le maximum de la végétation, que le sol soit constamment perméable à l'air ; on obtient ce résultat par des labours et des binages réitérés. Plus le sol est compacte, plus il doit être fouillé profondément et souvent remué.

Les bonnes façons données à la terre comptent pour beaucoup dans le succès de toute espèce de cultures.

§ 3. — De la Lumière.

La lumière est un des agents les plus puissants de la végétation ; sans elle, la nutrition ne saurait s'accomplir et les arbres resteraient infertiles.

Non-seulement la lumière participe à tous les actes de la végétation, mais encore elle les détermine.

Son action amène l'évaporation de la surabondance d'eau que la sève porte dans les cellules des feuilles ; par le fait de cette évaporation, l'ascension de la sève est activée et l'absorption par les racines des sucs nourriciers que renferme le sol s'en augmente. Le mouvement de la sève est dû en grande partie à l'action de la lumière.

Je dois faire observer que l'acide carbonique accumulé dans les cellules des feuilles ne peut être décomposé que sous l'influence d'une lumière très-vive. Ainsi, qu'un arbre fruitier soit ombragé en entier, ses rameaux pousseront longs et grêles, ils sembleront se précipiter pour chercher au loin la lumière qui leur manque et ils donneront rarement des fleurs, fausses promesses de fruits qui ne viendront jamais.

Autre preuve de l'influence de la lumière : si l'arbre est éclairé en partie seulement, on constatera l'appauvrissement de l'arbre dans la portion restée obscure et la fructification plus ou moins forte suivant la nature de l'arbre, mais toujours certaine dans la partie éclairée.

C'est encore à l'action de la lumière qu'on peut attribuer en partie la saveur des fruits, et surtout leur coloration ; bien plus, enfermez dans une obscurité complète un fruit tenant à l'arbre, pour lui la maturité n'aura pas même commencé quand elle sera complète pour tous les autres.

Pour assurer la maturité des pêches, il faut avoir soin de découvrir les fruits quelques jours avant de les récolter, pour leur donner tout à la fois et l'éclat et la saveur qu'ils sont capables d'acquérir. Chacun peut en faire l'épreuve au moment où l'on cueille le fruit ; le côté qui touche au mur est acide et presque amer, comparativement à la partie éclairée. Mais on aurait tort de supprimer toutes les feuilles, car on exposerait le fruit aux coups de soleil qui le tachent instantanément.

Soit dit en passant, ne cueillez pas le fruit quand il est mouillé ; évitez de le presser, chaque pression du doigt forme contusion. Pour qu'il soit meilleur il faut le cueillir un peu avant la maturité et le conserver quatre ou cinq jours dans un endroit obscur.

§ 4. — De la Chaleur.

Sans la chaleur pas de fructification complète ; mais autant elle est favorable et utile dans de justes limites, autant elle peut devenir funeste si elle devient trop forte ; si elle a une trop longue durée, les fruits se détacheront de l'arbre, qui lui-même finira par mourir. Toutefois, même avec une température très-élevée, si le sol peut rester humide, la végétation sera fort active et les arbres se chargeront de bourgeons vigoureux.

Il faut combattre la sécheresse par des couvertures de grands fumiers de paille, de colza, de mousse ou de bruyère, qui arrêtent l'évaporation du sol.

Les arrosements à l'engrais liquide sont d'un grand secours, non-seulement pour empêcher la chute des fruits, mais encore pour en augmenter le volume et la qualité ; enfin il faut bien se garder de répandre des arrosoirs d'eau au pied de l'arbre, ainsi que trop souvent je l'ai vu faire pendant les chaleurs : c'est exposer les arbres à être attaqués par le blanc des racines. Lorsque j'arrose, c'est à 30 centimètres de l'arbre, dans une rigole que j'ai préparée pour que l'arrosement profite immédiatement au chevelu des racines chargées de le transmettre à tout le reste de l'arbre.

J'ai vu des mercenaires, payés pour soigner les jardins, vider l'arrosoir entier et n'importe à quel moment de la journée sur le pied de l'arbre fruitier. Je doute que ce bain prolongé profite à l'arbre, dont l'écorce amollie par cet excès d'humidité est ensuite bien plus impressionnée par l'action du soleil qui la pénètre et la fendille, ou par l'âcreté du vent qui la dessèche et la fait éclater. Les ouvertures et les crevasses ainsi causées dans l'écorce sont le refuge d'insectes nombreux qui y vivent aux dépens de l'arbre plus ou moins compromis.

Autre conséquence, non moins fâcheuse, de ces arrosements trop abondants : c'est que l'eau pénètre d'abord le sol, qui, bientôt, s'en rassasie ; alors l'eau, arrêtée sur la surface du terrain qu'elle surcharge, qu'elle écrase, le convertit en véritable mortier qui durcit et ne permet plus à l'air de pénétrer et de vivifier le sol ; ce n'est qu'à l'aide de binages fréquents que ce mauvais effet peut être réparé, et je ne saurais assez le répéter, depuis avril jusqu'en octobre des binages fréquents sont indispensables pour que la terre, moins desséchée, reste plus accessible à l'influence de l'air et des rosées.

Des aspersions d'eau pure sur les feuilles, le soir, produisent le meilleur effet, surtout sur les arbres en espalier exposés au midi ; elles dispensent souvent des engrais liquides et empêchent toujours les feuilles de se dessécher.

Répétons mille fois plutôt que de laisser oublier cette importante recommandation : c'est grâce à des binages fréquents que la terre se dessèche moins et reste plus ouverte à l'influence des rosées.

Au reste, la nature, dans son admirable organisation, apporte elle-même le remède le plus puissant ; que l'homme la seconde un peu, elle l'en récompensera au centuple ; pendant les chaleurs les plus fortes, la sève, plus active que jamais, monte vers les feuilles stimulées par l'évaporation, et apportant ainsi dans le corps de l'arbre la fraîche température du sol, elle contre-balance celle de l'atmosphère.

CHAPITRE II.

§ 1er. — Du Terrain.

Le pêcher peut réussir dans beaucoup de terrains différents ; mais pour le voir dans sa luxuriante végétation, il faut lui trouver une terre franche, sableuse, douce au goût et au toucher, ce qu'on appelle une bonne terre à blé.

Cette terre de choix se compose de parties égales d'argile, de silice, de matières calcaires et d'humus.

Aux justes proportions de ces parties constitutives, la terre montrera une fertilité qu'on verra diminuer si l'équilibre cessait d'exister dans les parties qui la composent.

Il faut que le terrain puisse résister également aux longues sécheresses et à l'humidité que produisent des pluies trop prolongées : les qualités spéciales des terrains argileux et siliceux se neutralisent heureusement, car si l'argile retient l'humidité, le silex facilite l'écoulement des eaux trop abondantes, la combinaison de ces deux espèces de terre assure à l'arbre la fraîcheur qui lui est si favorable.

Si le terrain dans lequel on doit planter ne réunit pas ces conditions essentielles, il faut le modifier pour approcher le plus possible de cette terre par excellence.

Au surplus, deux labours profonds faits l'un au printemps et l'autre à l'automne, permettent d'apprécier les modifications que le sol a reçues ; mais je ne saurais trop insister sur les précautions avec lesquelles les labours et les binages doivent être faits, pour ne jamais attaquer les racines et surtout les spongioles qui les terminent.

A ce sujet, qu'il me soit permis de dire ce que j'ai fait dans mon modeste jardin qui réunissait toutes les conditions les plus fâcheuses :

1° Le sol est tellement siliceux que, juste en face de ma maison, on extrait le caillou pour les routes ;

2° A ce premier inconvénient, joignez cette circonstance que mon terrain aboutit sur une propriété communale bordée de vieux peupliers dont les racines m'envahissent et dont les branches m'ôtent une partie notable de mon soleil.

Les difficultés et les obstacles de toute nature que j'ai rencontrés, loin de me rebuter, ont doublé mon énergie ; je compris qu'il fallait plus d'efforts que dans des conditions ordinaires de jardins bien expo-

sés et possédant un terrain favorable. J'ai refait
mon sol au fur et à mesure que je plantais, modi-
fiant ce sol suivant les besoins de mes arbres, et,
malgré les conditions ingrates dont je viens de parler,
j'ai obtenu, au bout de quelques années, et non sans
peine, il faut le dire, des fruits assez beaux pour
fournir ce que le commerce appelle la fleur du
panier.

§ 2. — Du choix des Arbres.

Généralement on prend dans les pépinières des
sujets comptant plusieurs années de greffe ; en fait
de pêchers, je me suis bien trouvé de planter des
arbres greffés dans l'année même ; seulement j'ai le
soin de choisir des arbres à écorce unie et brillante,
c'est le premier et le plus sûr indice d'une bonne
et forte végétation que rien n'arrête dans son développement.

Je choisis mes pêchers droits et d'un seul jet : je
préfère qu'ils ne soient pas développés en rameaux,
et que de la base à 30 centimètres de hauteur les
yeux soient bien prononcés.

Je me montre plus exigeant à l'égard des racines ;
je tiens à ce qu'elles partent toutes du collet, en
forme de couronne et qu'il n'y ait point de pivot ; je
désire autant que possible qu'elles soient de moyenne
et égale grosseur, mais ce que j'exige avant tout,

2

c'est qu'elles conservent leur longueur et qu'elles ne soient pas mutilées.

Dussiez-vous mériter le reproche que vous fera le pépiniériste d'être trop exigeant, trop minutieux, n'acceptez jamais des arbres dont les branches seraient cassées et moins encore ceux dont les racines ne seraient pas intactes ; repoussez tous ceux dont les racines seraient desséchées, cassées ou privées de chevelu, comme il arrive trop souvent dans les marchés ou les foires. La négligence de certains marchands est poussée si loin et les arbres sont parfois si mal placés et entassés que les personnes qui prennent place dans la voiture les foulent aux pieds pour se tenir plus commodément ou même s'assoient dessus pour éviter quelque fatigue.

Les racines brisées, mutilées, privées de leur chevelu se remettront difficilement d'une pareille épreuve, et l'on s'étonnera que, avec toutes les apparences d'une forte vitalité, l'arbre semble dépérir ; c'est qu'il souffre dans ses organes les plus importants, et plusieurs mois, une année peut-être lui sont nécessaires pour se rétablir complètement.

Je recommande aux pépiniéristes et surtont aux acheteurs d'exiger, lors de l'enlèvement de l'arbre, de lui conserver la terre qui entoure les racines, parce que cette terre maintient quelque peu la

fraicheur dont l'arbre a toujours besoin ; mais au
moment de remettre l'arbre en terre, je recommande
aussi de dégager cette terre avec soin et précaution,
parce que cette terre, durcie par le contact de l'air
pendant un trajet plus ou moins long, ne permet-
trait pas aux racines de profiter de la terre fraiche-
ment remuée de la fosse que vous avez préparée ;
c'est dans cette terre nouvelle, soigneusement binée
et retournée, c'est dans cette terre bien *ameublée*,
comme on dit, que les racines pourront reprendre
leurs fonctions et fournir à l'arbre l'alimentation
dont il a été momentanément privé.

§ 3. — Des Plantations.

Il est utile de choisir des variétés à époques
diverses de maturité et de placer une variété peu
vigoureuse entre deux qui le seraient davantage.

Il est bon d'alterner les espèces : le pêcher greffé
sur amandier demande un sol profond; le pêcher
greffé sur prunier réussit dans un sol humide; le
pêcher sur franc est sujet à beaucoup de maladies,
il dure vingt ans environ ; sur prunier de vingt à
trente ans ; sur amandier de cinquante à soixante
ans.

Je ne veux pas citer et décrire les quarante espèces
désignées par *du Tour*, dans le nouveau dictionnaire
d'histoire naturelle ; bien peu des noms qu'il leur

donne leur ont été conservés dans la pratique. Seulement je rappellerai après lui que depuis la mi-juillet à la fin d'octobre on peut avoir des pêches sur la table la plus modeste ; et voici, dans un si grand nombre de variétés, les cinq meilleures parmi celles que l'on cultive dans la zone de Paris.

1° *Desse hâtive.* La première de toutes les pêches. Chair blanche-verdâtre, très-fondante et d'une qualité supérieure. Exposition, est, sud-est.

2° *Grosse mignonne hâtive.* Cette variété est la plus précieuse que nous possédions, en même temps elle est la plus rustique et la plus fertile; aussi j'en forme le fonds de mes plantations, d'autant plus qu'elle accepte toutes les expositions, et que l'arbre donne ses meilleurs résultats pour les grandes formes d'espalier. Je n'aurais pas assez dit si je ne citais la délicatesse de ses fruits.

3° *Mignonne tardive.* Fruit magnifique et excellent, mûrissant vers la fin d'août. L'arbre est très-vigoureux et d'une grande fertilité ; il se plaît à l'exposition sud-est.

4° *Belle bausse.* Son excellent fruit a beaucoup d'analogie avec la grosse mignonne tardive, et n'arrive à maturité que dans la première quinzaine de septembre ; l'arbre, vigoureux et fertile, se prête aux plus grandes formes.

5° *Brugnon Stanwick.* Cette variété, la meilleure de

tous les brugnons, mûrit vers le 15 septembre. Cet arbre, d'une vigueur moyenne, est bon pour les petites formes d'espalier, et cependant très-fertile. L'exposition sud-est lui convient.

§ 4. — De l'Habillage.

Les jardiniers ont inventé cette expression pour désigner l'opération consistant à couper l'extrémité des racines déchirées ou cassées d'un arbre avant de le planter.

A voir l'indifférence avec laquelle certains praticiens coupent et déchirent les racines sous prétexte de les rafraîchir, on supposerait que cette opération n'offre point d'importance ; moi, qui lui en trouve beaucoup, je proteste contre des mutilations meurtrières pour un arbre plein de force et de santé au moment où on l'a déplanté.

Lorsqu'on replante un arbre, il faut respecter toutes les racines et surtout les spongioles qui les terminent, puisqu'elles forment les pompes qui aspirent dans le sol l'eau et les parties nutritives nécessaires à la végétation ; autrement et lorsqu'on a sans motif coupé toutes les extrémités des racines, il faut pendant plusieurs années attendre leur cicatrisation et la création de nouvelles racines : l'arbre en effet n'aura que peu de bourgeons, ce qui témoignera de son état de souffrance.

Quant aux racines desséchées ou cassées, je les coupe de préférence avec une serpette bien tranchante : je les taille en biseau et de façon que la coupe du biseau se pose à plat sur le sol, et ceci est important : en effet, dans cette position, le cambium descend également tout autour de la plaie, y forme un bourrelet qui donne naissance à de nouvelles racines : si au contraire la section est en sens inverse, le cambium descend à l'extrémité du biseau et laisse la plaie en quelque sorte à découvert. La cicatrisation se fait plus lentement, et souvent la plaie est attaquée par des chancres ou par la carie qui font périr la racine au détriment de l'arbre entier.

§ 5. — Mode de Plantation.

Cette importante opération est un des principaux éléments de succès, en arboriculture ; autant les résultats sont prompts et satisfaisants quand elle a été bien faite, autant ils sont longs et difficiles quand elle est mal exécutée.

1° Je fais un trou, ou pour mieux dire j'ouvre une tranchée d'un mètre de profondeur sur un mètre 25 centimètres de largeur, et j'ai soin de mettre d'un côté la première terre enlevée, et d'un autre côte celle du fond ; je laisse le tout exposé à l'action de l'air : puis il convient de jeter au fond de la fosse

20 centimètres environ de gazon retourné ou de tonte d'arbres ; dessus, il faut, en l'écrasant et l'émiettant au lieu de la laisser en bloc, remettre la terre qui était à la surface en faisant un cône ou pain de sucre dépassant le niveau du sol d'environ 15 centimètres.

2° Avant de placer les arbres, j'ai préparé une pâte où je plonge les racines de chacun d'eux ; cette pâte est ainsi composée : je mets un kilogramme de colle forte dans deux litres d'eau ; quand la dissolution est complète, je mêle dedans par parties égales de terre franche, de la bouse de vache et du sable fin ou sablon et je mélange le tout de manière à former une bouillie épaisse.

La colle, en adhérant aux racines, couvre d'un centimètre toutes les radicelles et leur fournit une nourriture substantielle, puisqu'elle contient beaucoup de sels ammoniaques.

A ces avantages se joint celui non moins important de dispenser de l'emploi du fumier, toujours pernicieux pour les pêchers ; car, si peu que le fumier touche les racines, l'arbre est attaqué par le blanc et le plus souvent il en meurt.

3° Maintenant que les racines sont protégées par cette composition, je pose l'arbre sur le cône, en ayant soin de l'éloigner du mur de 15 centimètres environ, et de tourner la greffe vers le mur pour qu'elle ne soit pas exposée au soleil et que le mur lui assure un abri contre les intempéries des saisons ; ai-je besoin de dire que ce travail est ainsi plus régulier et plus agréable à la vue ?

J'appuie un peu, pour que les racines portent bien de toutes parts sur le sol ; puis je comble le trou avec la terre extraite en dernier lieu, laquelle, sous l'influence de l'air, du soleil et de la pluie qui la pénètre, perdra bientôt son acidité et redeviendra aussi bonne que celle qui la couvrait et qui maintient ferme le sol inférieur. Cela terminé, je comble la jauge avec la terre qui me reste.

Je recommande à celui qui plante de ne jamais enterrer le pêcher jusqu'à la greffe ; cela se fait presque partout, je le sais, mais, pour être générale, cette habitude ne me paraît pas moins fâcheuse et je la combats sans hésitation.

Il est une autre coutume contre laquelle je m'élève non moins vivement, c'est celle d'enterrer l'arbre profondément ; pour le soulever ensuite comme si l'on voulait l'arracher du sol, et cela dans le but de l'amener à un niveau qu'on aurait dû tout d'abord lui donner.

Cette habitude est mauvaise, elle a pour résultat de rapprocher les racines et de les réunir en faisceau, au lieu de les laisser étalées comme il est utile et naturel qu'elles le soient pour s'approprier de tous côtés les sucs nécessaires à leur végétation.

D'ailleurs en soulevant ainsi l'arbre nouvellement planté, on forme nécessairement un vide entre le sol et les racines ; c'est là que les vers et tous les animaux qui vivent dans la terre trouveront un refuge tout préparé jusqu'à ce que les eaux pluviales, en traversant la première couche du sol, les chassent en formant une mare intérieure dont le contact sera préjudiciable à l'arbre.

L'exposition du levant convient le mieux au pêcher; il peut cependant réussir au midi et au couchant ; il ne faut pas planter vos arbres là où ils seraient dominés par des constructions et des arbres à haute tige qui leur enlèveraient l'action du soleil et de la lumière ; ni au-dessous d'un toit qui déverserait l'eau sur leur tige ; ni dans un courant d'air contre lequel rien ne les protégerait.

§ 6. — De l'Emploi des Instruments.

Il n'est pas inutile de constater ici que de tous les instruments qu'on trouve dans les mains des horticulteurs, celui qui devrait être seul employé pour la taille des arbres, c'est la serpette, le plus ancien et le meilleur de tous ; seulement il faut savoir s'en servir, l'habitude n'est pas difficile à acquérir.

Dans des mains habiles la serpette ne laisse point

2*

d'onglet, comme le sécateur qui est responsable de tous les inconvénients, des accidents même qu'amènent les onglets. L'onglet fait dévier le bourgeon et produit ainsi des gourmands et des branches qui forment des coudes où la sève afflue d'une manière nuisible à l'arbre, car les chancres s'y mettent et ils rongent la branche qu'il faut bientôt sacrifier au salut de l'arbre même, en dépit du vide fâcheux et déshonorant qui en résulte. La serpette donne un travail plus rapide et meilleur : elle permet de couper aussi près que l'on désire d'un point donné ; sa coupe nette et précise est vite cicatrisée. Pour les boutures, c'est encore elle seule qui peut servir ; voilà donc l'instrument par excellence, instrument que l'horticulteur doit toujours tenir en bon état.

Je recommande à tous ceux qui se servent de la serpette de maintenir la branche à couper, en la tenant de la main gauche au-dessous de la partie qu'on doit enlever, et de tailler en ramenant l'instrument à soi par un coup sec ; en taillant au-dessous de la main qui maintient la branche on risque de se blesser. En résumé, l'amputation d'une branche faite nettement avec la serpette, et soustraite à l'action de l'air, par une couche de mastic à greffer, est entièrement recouverte par les écorces en moins de deux ans et ne présente ni danger ni inconvénient pour l'arbre. La même opération faite avec de mauvais instruments qui déchirent plus qu'ils ne coupent, occasionne des inégalités, des aspérités et une plaie découverte ; alors le bois se décompose, pourrit, sèche et tombe en poussière ; ou bien l'eau s'infiltre dans le cœur du bois pour descendre jusqu'au collet de la racine ; c'est ainsi que meurent bien des arbres, et pour ne pas s'avouer coupable d'une maladresse ou d'une négligence, on dit que le terrain ne vaut rien pour l'arbre qu'on a maladroitement sacrifié.

§ 7. — Des Greffes.

Je ne décrirai pas toutes les greffes indiquées par l'abbé *Dupuy*, je vais seulement m'occuper de celles dont le but est de combler les vides qui peuvent se produire sur une branche, je me contenterai d'indiquer les greffes qui m'ont le mieux réussi :

1° *La greffe herbacée par approche :* on l'emploie surtout pour obvier à la dénudation de la partie supérieure d'une branche et pour combler des lacunes qui déshonorent un arbre. Pour y parvenir, après avoir laissé se développer un rameau partant de la base, et ayant la longueur des vides à remplir, on fait sur la branche dénudée une, deux ou trois incisions, longues d'environ quatre centimètres et terminées de chaque côté en navette ; sur le rameau destiné à combler les vides on pratique trois entailles correspondant aux incisions faites sur la branche, puis on fixe le rameau sur la branche par des ligatures avec de la laine qu'on a soin de ne pas trop serrer pour éviter des étranglements ; en deux mois de temps les greffes sont soudées, mais il est prudent de ne sevrer le rameau qu'au printemps suivant. Cette opération réussit d'autant mieux qu'elle est faite quand la sève est dans sa force.

2° *La greffe en écusson* : elle peut être pratiquée pour remplir des vides, mais elle est employée surtout dans les pépinières pour faire des sujets ; elle consiste, vers le mois d'août, à enlever un œil de la variété que l'on veut greffer et à l'insérer dans l'écorce de l'arbre ; on ligature comme à la greffe en approche ; cette opération demande une main légère et exercée.

On recommande assez généralement de ne pas laisser de bois au-dessous de l'œil de l'écusson, je ne suis pas de cet avis : en laissant un peu de bois à l'intérieur de ma greffe, j'évite qu'elle soit attaquée par l'instrument ou seulement éventée, ce qui suffirait pour en empêcher le succès ; en outre, le peu de bois que je laisse donne plus de force à la greffe et l'empêche d'être meurtrie par la ligature, surtout si je l'ai choisie sur un rameau tendre.

Dès que l'écusson est préparé on fait dans l'arbre une incision en T sur le sujet à greffer, on soulève légèrement l'écorce de manière à introduire l'écusson, puis on referme la plaie avec un fil de laine, en évitant de trop serrer ; mais en tournant le fil, on le maintient assez rapproché de l'œil pour protéger la plaie contre l'action de l'air.

Au printemps suivant, on coupe le sujet à 10 centimètres au-dessous de la greffe, on laisse pousser quelques petits bourgeons sur le chicot pour appeler la sève dans la greffe, et dès que celle-ci a produit un bourgeon de 15 à 20 centimètres, on supprime tous ceux du sujet, puis on attache avec un jonc la greffe sur le chicot, qui est coupé à son tour juste au-dessus de la greffe.

Des praticiens ne coupent le chicot qu'à la fin de l'année ; je préfère le couper en août, parce que la section a le temps de se recouvrir avant l'hiver, et l'arbre souffre beaucoup moins, surtout s'il doit être replanté dans l'année.

A propos de greffe, j'indiquerai le procédé employé par certains praticiens pour amener les fruits à une grosseur tout exceptionnelle ; ce moyen est bien facile : pour cela on choisit le fruit le plus près de la dernière taille sur une branche de prolongement et sur une coursonne placée vers l'extrémité de cette branche ; on laisse pousser un bourgeon au-dessous du fruit, puis quand il a dépassé le fruit de quelques centimètres, on le rapproche de la tige du fruit et on l'y soude à l'aide d'entailles dans le rameau et dans la tige de ce fruit, on lie avec de la laine, et dès que la greffe est prise, on coupe la partie du rameau qui dépasse la greffe pour en empêcher le développement et le forcer de donner toute sa sève au fruit, qui, recevant deux courants de sève, prendra un volume prodigieux.

CHAPITRE III.

Il s'agit ici de la question si importante du *simple pincement des feuilles*. Afin d'être mieux compris de mes lecteurs, je partagerai ce chapitre en plusieurs paragraphes. Je n'ai qu'une crainte, c'est que la simplicité de mon système ne soit cause de l'incrédulité de quelques-uns. C'est trop simple, dira-t-on, mais la simplicité n'est-elle pas toujours la compagne de la vérité ?

§ 1er. — Avantages de la nouvelle méthode.

Parmi les méthodes de direction du pêcher, il en est une qui jusqu'à ce jour l'a emporté sur toutes les autres, c'est celle de *Montreuil ;* les résultats obtenus par MM. *Lepère* et *Chevallier* semblent protester contre les modifications qu'on voudrait apporter au système pratiqué par ces princes de la science ; mais sur cent praticiens qui les imitent, quatre-vingt-quinze échoueront, car ils n'auront pas les connaissances spéciales, l'habitude pratique et l'habileté de ces hommes dont la vie entière s'est écoulée à perfectionner les traditions de la méthode de *Montreuil* : elle est trop longue, trop pénible, trop compliquée pour survivre à notre génération ; malgré toutes les améliorations qu'on y a apportées, il est constant qu'on y pratique dans le courant de l'année près de quatorze opérations qui exigent une justesse d'appréciation qu'il n'est pas donné à tout le monde d'acquérir, si j'en juge par ce que je vois presque partout.

Il serait trop long de mettre ici en parallèle les vices capitaux des anciens systèmes et les avantages du nouveau que je propose ; je dirai seulement que pour obvier aux inconvénients que tout le monde connaît, inconvénients qu'à l'exemple de tant d'autres je ne savais ni prévoir, ni prévenir, j'ai cherché quelque chose de plus simple et plus facile pour ceux qui n'ont pas la journée entière à donner à leurs arbres, et j'ai été amené, non sans peine, je dois le dire, et après de nombreux essais, à mon nouveau procédé *du simple pincement des feuilles*. Ce procédé m'assure une heureuse abondance de fruits, un ou plusieurs rameaux de remplacement à la base de chaque coursonne, même à la base des bourgeons anticipés de la plus mauvaise nature, ce qui n'avait jamais été obtenu jusqu'à ce jour. Je supprime ledit palissage d'hiver et d'été, taille en vert, etc., donc économie de temps et d'argent ; je parviens à ne laisser entre mes branches charpentières qu'une distance de vingt-cinq centimètres, espace suffisant pour mes rameaux à fruits ; je puis ainsi doubler la quantité de fruits sans épuiser l'arbre ; les fruits sont d'égale grosseur et également répartis ; enfin je n'admets point d'amputations pour la suppression des gourmands ni pour le rapprochement des rameaux chargés de bourgeons anticipés, pas même pour l'établissement des branches charpentières, ainsi que je l'expliquerai plus bas ; je proscris toutes ces amputations qui occasionnent des cicatrices, des plaies, qui compromettent souvent, et abrègent toujours l'existence de l'arbre ; les mieux faites causent une perturbation dans l'économie du sujet ; cette chirurgie végétale demande presque autant de tact et d'adresse que la chirurgie humaine. Ne vaut-il pas mieux prévenir les causes qui nécessitent ces opérations que d'avoir le mérite de les guérir, ce que les plus habiles n'ont pas toujours obtenu ; j'arrête le mal avant qu'il ne paraisse, par le moyen le plus inoffensif; quelques jours suffisent pour qu'il n'y paraisse pas ; si je fais des suppressions j'opère seulement sur les feuilles, organes essentiellement caducs, il n'en résultera ni plaies, ni difformités, ni maladies ; en cela, nous

nous rapprochons de la nature, qui, elle, ne coupe jamais rien.

§ 2. — De la Taille.

La taille a pour but de soumettre l'arbre à des formes régulières tout en lui faisant produire des fruits beaux et nombreux dans le moindre espace possible. Je ne parlerai pas ici des formes qu'il convient le mieux d'adopter, ni de la manière d'établir les branches principales qu'on nomme branches charpentières. De l'aveu de M. *Bouscasse*, avec le pincement seul on peut former la charpente de tous les arbres fruitiers, telle que l'avaient obtenue nos pères à l'aide de la taille ; il est donc bien entendu que je ne taille jamais mes branches charpentières ; je dirai ce que j'en fais à l'article du pincement.

Mais il est une taille qui doit se faire régulièrement chaque année, c'est celle des coursonnes· Quand faut-il la faire ? l'usage est de tailler en février et mars.

Je m'y prends beaucoup plus tôt, je taille en novembre et en novembre seulement, cela permet déjà à un homme seul de soigner deux ou trois fois plus d'arbres qu'on ne le faisait autrefois. En taillant en novembre je concentre dans les yeux conservés toute la sève élaborée pendant l'hiver ; de plus mes arbres n'ont ni gomme, ni cloque, tandis qu'autour de moi

bien des jardiniers en sont infestés, là surtout où
ne se pratique pas encore le pincement des feuilles :
la cloque n'attaque que les jeunes feuilles du pêcher
et moi je les supprime au printemps ; quant à la
gomme qui se produit particulièrement sur les bles-
sures au moment de la sève, puis-je la craindre,
lorsque j'ai choisi pour tailler le moment où la sève
est presque en repos ?

Pour tailler, je commence par détacher tous les
liens qui retiennent les branches charpentières,
ensuite je passe en revue toutes les coursonnes les
unes après les autres. Je taille à deux yeux, soit
qu'il n'y ait pas de bourgeons à fruit, soit que pour
des raisons particulières je ne veuille pas en conserver, afin de ménager par exemple une branche
faible.

Si au contraire je dois laisser des productions
fruitières, je taille à trois yeux au moins et à cinq
yeux au plus, mais toujours les deux yeux de la
base sont à bois et les autres sont des bourgeons à
fruit ; de plus je fais en sorte que les coursonnes
n'aient que huit ou dix centimètres de longueur.

La figure première que j'ai fait dessiner de gran-
deur naturelle est un échantillon authentique de
mes coursonnes après la taille de novembre ; la
représentation est d'une exactitude rigoureuse : on
y voit deux yeux à bois à la base, plusieurs produc-

tions fruitières au sommet, avec
deux tronçons de rameau qui mon-
trent clairement lequel j'ai taillé en
laissant un onglet.

Figure 1.

Au même point des branches
charpentières, je ne laisse qu'une
seule coursonne en-dessus et une
en-dessous un peu en avant de la
branche. Je me ménage un plus
grand nombre de coursonnes en-
dessous parce que celles de dessus
tendent trop naturellement à tout
absorber. Je conserve de préférence celles dont les bourses ou ren-
flements portent beaucoup de boutons à fruits.

§ 3. — Du pincement des Feuilles. — Son but.

Le pincement des feuilles, tel que je le pratique
et tel que je l'ai indiqué dans la *Revue horticole*
(février 1866), et dans le *Journal de Chartres*
(23 septembre 1866), n'a rien de commun ni rien
d'analogue avec toutes les autres méthodes mises en
pratique jusqu'à ce jour.

La Providence, cette bonne mère qui a prévu tout
ce qui pouvait contribuer à notre bien-être, a établi
comme règle absolue que chaque feuille possède à

sa base six yeux; c'est à l'homme, par son intelligence, de les faire développer selon ses besoins, et c'est par le simple pincement des feuilles que ce résultat est obtenu. De plus, l'on coupe par la moitié de leur longueur les feuilles de l'extrémité d'un rameau, cela suffit pour en arrêter le prolongement, mais le tissu cellulaire, que nous jardiniers, nous nommons la moelle, ce tissu qui est le grand organisateur de la végétation en général, qui est soumis par la nature à faire des déviations pour donner des feuilles et par là même des yeux, éprouve une pression à l'extrémité du rameau pincé; ne trouvant pas d'issue il y séjourne, il s'y accumule et y forme un renflement spongieux qui se remplit d'yeux latents, lesquels finissent infailliblement par se constituer en productions fruitières. Le but du pincement est donc en général de contraindre le tissu cellulaire et la sève à se refouler dans les parties que l'on veut favoriser ou fortifier, ou transformer. C'est là tout le secret de l'arboriculture.

Donc dans le courant d'avril, lorsque la végétation aura développé les yeux que j'avais conservés en novembre; lorsque ces yeux auront produit de jeunes rameaux de quelques centimètres, je pince le bouquet de feuilles de l'extrémité de chacun d'eux.

Cette opération me donne à la fin de l'année des

productions fruitières, c'est un fait certain et mille
fois constaté par l'expérience. En même temps, me
gardant bien de toucher à la feuille principale, je
pince indistinctement les deux feuilles stipulaires
qui sont à la base de chaque rameau.

Le résultat de ce pincement sera de donner des
yeux que je laisse développer pour en faire des
branches de remplacement et obtenir des bourgeons
à fruit si besoin en est : ces bourgeons présenteront
le grand avantage d'être moins éloignés des yeux de
la base que dans les autres méthodes que l'on a sui-
vies jusqu'à présent.

Figure 2.

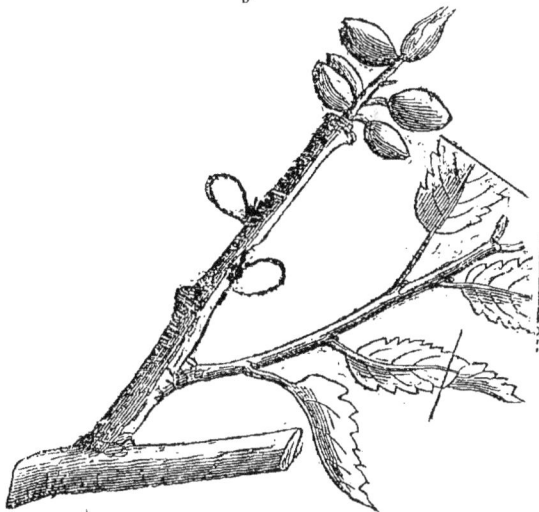

Ce pincement des deux feuilles stipulaires et du

bouquet des feuilles de l'extrémité est exactement
représenté dans la figure n° 2; on y distingue à la
base des yeux de remplacement et au sommet des
productions fruitières. Voilà un résultat dont personne jusqu'à ce jour n'avait eu l'idée, que je sache.

Si la branche de remplacement, qui est à la base,
pousse trop vigoureusement, j'arrête l'excès de sa
végétation en coupant par la moitié le bouquet des
feuilles terminales. On peut prévenir cette opération
dès le mois de novembre au moment de la taille,
car dès cette époque il est facile de voir si des deux
yeux conservés, le supérieur tend à prendre plus de
développement; alors on coupe l'œil supérieur au
tiers de sa longueur. Si au sommet d'une coursonne,
à l'endroit où les fruits commencent à nouer, quelques petites ramilles viennent à se montrer, je les
coupe toutes radicalement, excepté une pour appeler la sève et favoriser ainsi le développement de
mes fruits.

Si de deux branches charpentières opposées l'une
devient plus forte, je pince le bouquet de feuilles
de son extrémité à la moitié de leur longueur; cela
suffit pour rétablir l'équilibre.

§ 4. — Du Bourgeon anticipé.

A la rigueur j'aurais pu me dispenser de parler
du bourgeon anticipé, puisque d'après mon procédé

il n'a jamais le temps de se montrer. Cependant j'en dirai quelques mots parce que cela me donne l'occasion d'insister davantage sur les effets de mon pincement.

Ce redoutable ennemi des arboriculteurs que les plus habiles praticiens et les professeurs ont combattu par mille moyens jusqu'ici sans succès, puisqu'il reparaît d'année en année, se développe le plus fréquemment sur le bois nouveau des branches charpentières. Il est facile de le reconnaître : sa feuille principale est beaucoup plus longue et plus large que celle des autres bourgeons. Autre signe distinctif : les feuilles et les yeux se succèdent de telle façon que le premier cycle est formé de six bons bourgeons et le second cycle de six bourgeons anticipés, et ainsi de suite dans toute la longueur de la branche.

J'ai donné cette description dans le but unique de faire reconnaître le bourgeon anticipé, car en coupant indistinctement toutes les feuilles stipulaires de chaque rameau comme je l'ai dit plus haut, on est certain de fixer à la base de chaque rameau deux bons yeux à bois, et des bourgeons à fruit en pinçant le bouquet de l'extrémité. Je fais ainsi justice de tous les bourgeons anticipés de quelque nature qu'ils soient. Pour qu'on n'ait pas de doute à ce sujet la figure 2 représente tout exprès un rameau qui serait devenu certainement une branche gourmande sans le pincement.

La direction des arbres fruitiers par le simple pincement des feuilles n'exige pas de grands soins et demande peu de travail. Cette méthode est basée sur l'étude des lois de la nature ; le succès de mon procédé en est la preuve.

En faisant développer les cinq feuilles que la prévoyante nature a placées à la base de chaque œil, et en même temps les cinq yeux qu'elle a placés à la base de chaque feuille, non-seulement ces cinq yeux préservent les arbres fruitiers du développement de toute espèce de bourgeons anticipés, mais ces feuilles nous permettent encore de fixer des bourgeons de remplacement et des boutons floraux où nous voulons, en aussi grand nombre que nous le désirons.

Pour obtenir tous ces avantages, voici le simple travail que je pratique : du 1er au 15 avril, époque à laquelle mes jeunes rameaux ont développé trois feuilles, je pince un tiers de leur longueur sur deux feuilles bien développées, et je coupe en même temps la feuille supérieure à la moitié de sa longueur, afin de fixer des boutons floraux à sa base, pour l'année suivante ;

Du 1er au 20 mai, je pince le second tiers, toujours sur deux feuilles ;

Du 1er au 20 juin, je pince le troisième et dernier tiers.

Si sur les deux premiers tiers pincés il se développe quelque petite ramification anticipée, je les supprime, attendu que, là où nous avons fixé nos productions fruitières, il ne faut rien laisser pousser si ce n'est après la fin de juin, époque où le soleil et la végétation ascendante vont arriver à leur apogée.

C'est en effet à cette époque que les arbres mettent en réserve dans leurs canaux médullaires une portion de sève carbonée par les feuilles, pour recommencer une nouvelle végétation du 1er au 15 janvier. Cette réserve faite, les feuilles cessent d'absorber le carbone et, pendant la nuit, elles aspirent l'oxygène. Cet agent actif s'introduit dans les cellules des feuilles, non-seulement pour participer à la formation du cambium, mais encore afin de constituer les boutons floraux pour l'année suivante; c'est encore l'oxygène qui fait grossir les fruits, opère leur changement de coloris, et les amène enfin à maturité. On sait en effet que l'oxygène entre pour la majeure partie dans la composition des fruits.

A la fin de juin, la végétation diminue graduellement, au fur et à mesure que le soleil commence sa course descendante vers le pôle; les feuilles des arbres jaunissent et tombent; la sève et les canaux qui la contiennent se dessèchent et forment, en se durcissant, une nouvelle couche de bois qui vient augmenter le volume de l'arbre dans toutes ses ramifications ; de la fin d'octobre au 1er janvier, l'arbre, privé de feuilles, reste à peu près dans un. état léthargique ; c'est dans ce seul moment qu'il peut, sans souffrir, supporter les coups de serpette.

Du 1er au 15 janvier, lorsque le soleil recommence sa course ascendante vers l'équateur, l'astre bienfaisant met de nouveau en mouvement la sève de réserve qui monte dans le corps de l'arbre, trace les nouveaux canaux du Liber, parcourt toutes les ramifications, arrive aux extrémités, fait pression sur tous les yeux, développant ainsi tous les bourgeons ; ceux qui ont été constitués par le carbone en boutons floraux, ceux qui ont été formés par l'oxygène, — et ainsi de suite chaque année, sans que l'homme ait le pouvoir de modifier cette admirable marche tracée par la nature.

§ 5. — De la Stérilité des Arbres.

Quelquefois des arbres en pleine végétation ne peuvent se mettre à fruit ; ce défaut de production est dû à l'exubérance de la végétation, mais principalement, il faut bien le dire, à une mauvaise direction, car il n'est pas d'arbre si rebelle qu'on ne puisse rendre productif.

Jadis on prescrivait :

1° De laisser pousser deux rameaux sur chaque branche de prolongement, puis, en juillet on coupait le rameau supérieur, respectant l'autre pour continuer le prolongement de la branche de charpente ;

2° De rapprocher la seule branche gardée sur le plus bas des bourgeons anticipés qu'elle voit produire ;

3° De pratiquer une incision au pied de l'arbre pendant le repos de la végétation en faisant une incision circulaire pour couper tous les vaisseaux séveux de l'année précédente.

Ces prescriptions, on le comprend, avaient pour but de ralentir l'action de la sève ; mais il faut toujours qu'elle marche et qu'elle se manifeste par des rameaux à bois quand elle n'en donne pas à fruit. J'obtiens le résultat désiré en pinçant l'extrémité des petites feuilles de tous les rameaux dès que la végétation les fait développer ; ce pincement des feuilles si facile arrête le bourgeon terminal, et la moelle, cet élément essentiel de toute végétation, fait pression sur les yeux latents à l'endroit de l'opération et détermine des productions fruitières.

Figure 3.

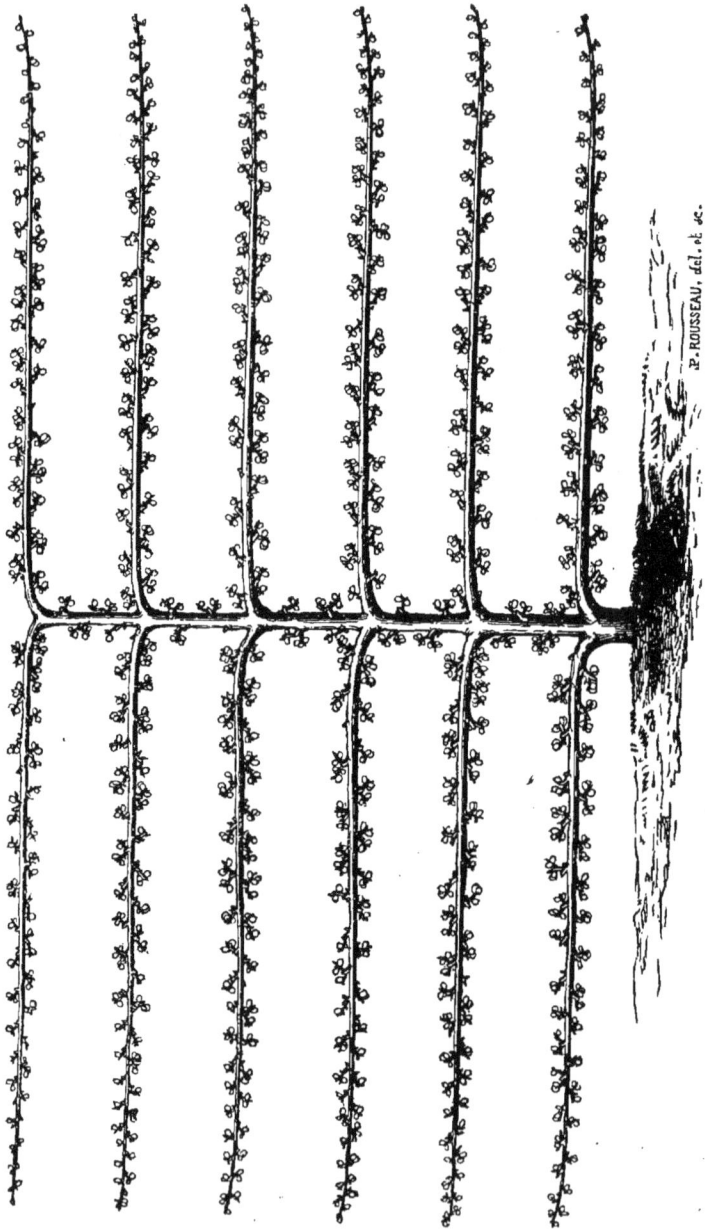

P. ROUSSEAU, del. et sc.

§ 6. — De la Forme des Arbres.

Je ne veux pas décrire toutes les formes qu'on donne au pêcher ; les plus simples et les plus faciles sont les cordons droits et horizontaux, les cordons obliques, les palmettes simples et doubles.

La palmette simple dont je donne le spécimen (figure 3), est la plus belle de toutes les formes et la plus naturelle.

Les jardiniers les plus habiles pensent que, pour amener à bien un pêcher en, palmettes il faut une dizaine d'années ; je puis affirmer qu'avec mon système du simple pincement des feuilles il est facile en cinq ou six années de conduire l'arbre à l'état indiqué par la figure, et cela, sans lui faire subir d'amputation, sans pratiquer aucune greffe.

Toutes les autres formes sont beaucoup plus difficiles et demandent, pour être établies, des murs beaucoup plus élevés ; alors il faut employer le double d'espace en espalier.

Comme mon but est de faire produire la plus grande quantité de fruits dans le moindre emplacement possible, je préfère, et de beaucoup, les formes décrites plus haut, puisqu'elles exigent infiniment moins de travail et de soins que toutes les autres.

Lors de la plantation, je choisis mon sujet pré-

sentant deux boutons latéraux en
A à environ 30 centimètres du sol,
et un sur le devant en B ; je coupe la
tige de l'arbre exactement au-dessus
de ce dernier bouton au point C.

Figure 4.

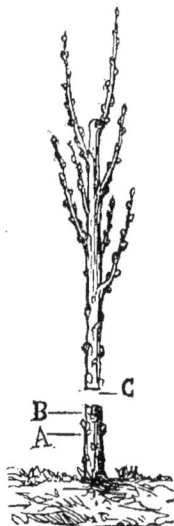

Les boutons latéraux AA sont des-
tinés à former les deux premières
branches charpentières, et le bouton
de devant B donnera la flèche ou
prolongement de la tige. Pour protéger le développement de ces trois
bourgeons, je pince tous ceux qui
partiraient au-dessous, et même je
les supprime complètement quand
les bourgeons conservés en A ont
acquis une longueur de 40 centimètres. Quant
au bourgeon vertical du point B, je l'arrête à la longueur de 20 centimètres en coupant le bouquet des
feuilles à la moitié de leur longueur ; par cette
simple opération j'ai la certitude de développer deux
yeux à bois exactement en face l'un de l'autre, pour
former à une distance de 25 centimètres un second
étage de branches charpentières et un troisième œil
pour continuer la flèche. Je sais bien qu'au même
point il se développera d'autres bourgeons, mais je
les supprime. Remarquez que tout cela s'est fait sans
amputation : chose inévitable dans les autres mé-

thodes, qui du reste n'arrivent jamais qu'à donner des branches charpentières *alternes* au lieu de les donner exactement *opposées*.

Pour maintenir une vigueur égale entre les deux branches latérales, je pince l'extrémité de celle qui serait la plus forte ; en général ce pincement pratiqué une seule fois suffit pour rétablir l'équilibre.

Lorsque le bourgeon B, qui marche verticalement, a 20 centimètres de longueur, j'ai dit que je coupais les feuilles de l'extrémité à la moitié de leur longueur pour avoir un second étage de branches charpentières ; mais outre cela j'obtiens des yeux très-rapprochés entre les deux étages, ce qui me donne de très-bonnes coursonnes pour l'année suivante.

A la fin de la première année j'ai donc obtenu la forme de la figure 5 : un second étage en A et le rameau de prolongement en B.

Au mois de novembre je taille comme je l'ai indiqué au paragraphe second, puis au mois d'avril je pince comme il est dit au paragraphe troisième ; ce que j'ai fait les deux

Figure 5.

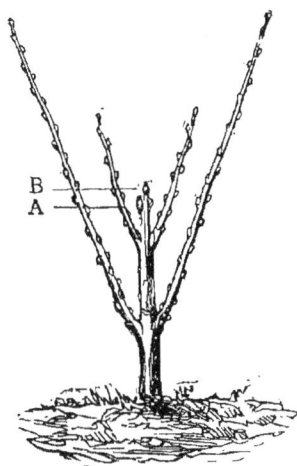

premières années, je le répète les années suivantes,
en ayant toujours soin de favoriser les branches
des étages inférieurs où la sève arrive plus difficilement que dans les autres.

Dès la troisième année je puis déjà obtenir plusieurs étages dans le courant de la végétation ;
l'arbre commence à donner des fruits, mais je lui en
laisse peu, pour mieux assurer le développement de
la charpente.

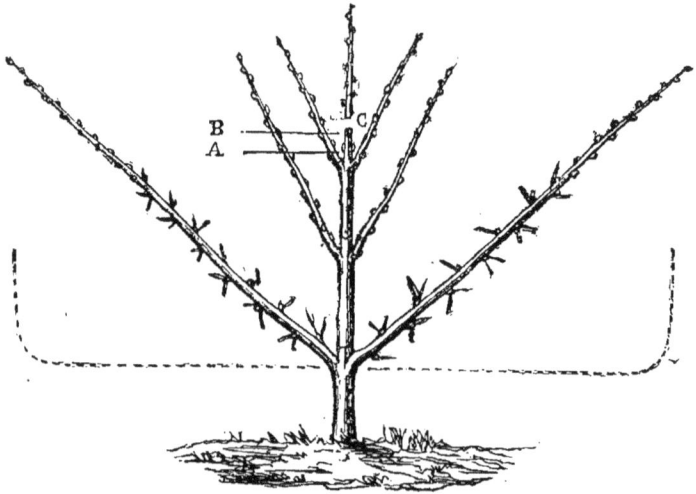

Si l'arbre a été planté dans de bonnes conditions,
il est complet dans la sixième année au plus, et
pour une muraille de huit mètres de longueur sur
deux mètres de hauteur, il fournit 48 mètres de
branches de charpente.

Voici en résumé le résultat du simple pincement des feuilles :

1° Obtenir pour l'établissement des branches charpentières une symétrie non d'à-peu-près, mais d'une régularité mathématique, sans amputation, ni taille en vert, ni greffe.

2° Laisser entre les branches charpentières une distance seulement de 25 centimètres, en sorte que tout l'espace donné soit utilisé.

3° Maintenir les coursonnes dans un voisinage immédiat avec les branches charpentières et les mettre ainsi en rapport de proximité avec leur mère nourrice.

4° Obtenir des coursonnes très-rapprochées les unes des autres, de manière à n'avoir que des entre-nœuds ou mérithales de petite étendue.

5° Assurer des yeux à la base de chaque rameau, quand même il proviendrait d'un bourgeon anticipé de la plus mauvaise nature; ainsi nous n'avons plus de ces pompes aspirantes qui absorbent sans aucun profit la substance de l'arbre.

6° Triompher victorieusement de la stérilité des sujets par la transformation à volonté d'un rameau quelconque en bonne coursonne.

7° Procurer une récolte double dans un espace moitié moindre.

3*

8° Supprimer toute espèce de palissage, de taille en vert et les frais qu'ils entraînent.

9° Laisser les branches charpentières se développer en toute liberté, de manière à obtenir une forme complète après six années au plus.

10° Modérer par l'expédient le plus simple les excès de végétation et établir un équilibre stable sans coup férir.

Ces résultats sont trop importants pour n'être pas constatés, et pour qu'ils ne soient pas contestés je fais appel à tous les horticulteurs ; ils pourront reconnaître la solution du problème dans mon jardin, bien qu'il soit placé dans des conditions peu favorables, quelques-uns disent même mauvaises. Toutes les personnes qui voudront se convaincre *de visu* que mon procédé donne réellement tous les résultats que j'ai signalés peuvent se présenter à mon jardin qui leur sera toujours ouvert ; je me ferai un devoir de me mettre à leur disposition pour leur donner tous les éclaircissements désirables.

CHAPITRE IV.

§ 1er. — Maladies du Pêcher.

Le pêcher est soumis à différentes maladies qui parfois prennent tant de gravité qu'elles font périr l'arbre, je puis dire en quelques heures.

Les principales sont la gomme, la lèpre, le blanc des racines, le rouge.

1° *La gomme* est un véritable ulcère causé par les changements brusques de la température, et plus souvent encore par des amputations mal faites ou des déchirures provenant de mauvais instruments ; et cela est si vrai que dans plus d'un jardin que j'ai visité pour me rendre compte de l'écoulement gommeux, je trouvais une amputation, cause première de la maladie.

La gomme se manifeste par un déchirement de l'écorce, la sève décomposée s'échappe et produit une substance épaisse ressemblant à la gomme arabique. Si l'on n'y remédie pas, la plaie s'agrandit, l'écoulement augmente et la branche entière est perdue.

Quand le mal apparaît, il faut aviver toute la partie endommagée ; on frotte la plaie avec un peu d'acide oxalique étendu d'eau, ou plus simplement avec des feuilles d'oseille ; on laisse sécher pendant quelques jours, puis on recouvre la plaie de mastic à greffer.

Les vieilles écorces produisent quelquefois la gomme, leur bois est trop dur pour céder à la dilatation que cause l'accroissement du diamètre de la branche ; alors il faut pratiquer plusieurs incisions en long et du côté du mur avec la pointe de la serpette ; par suite de cette opération, la branche peut grossir et le mal disparait; dans tous les cas, mieux vaut ne pas attendre qu'il se manifeste, et faire les incisions quand on reconnait que les écorces sont trop dures.

2° *La cloque*. Produite par les changements de température, cette maladie se déclare quand le froid succède à des journées de chaleur, les feuilles attaquées se crispent, deviennent épaisses. Le parenchyme est bientôt décomposé et entrave le fonctionnement de la feuille et même son accroissement.

Quand une partie seulement des feuilles est attaquée il suffit d'enlever les parties malades ; mais si les feuilles et les bourgeons sont atteints, il faut immédiatement couper cette branche en ne lui laissant qu'un ou deux yeux, afin d'obtenir très-vite de nouveaux bourgeons qui, poussant avec vigueur, ne se ressentent pas des atteintes de la maladie. Là, pas d'hésitation, il faut trancher dans le vif, autrement on verrait le mal se prolonger tout l'été.

3° *La lèpre* ou blanc des feuilles est un champignon invisible à l'œil nu, qui envahit les feuilles et les couvre d'une poussière blanche sous laquelle la feuille ne fonctionne plus.

Je ne connais qu'un moyen efficace, c'est le soufrage comme pour la maladie de la vigne : si ce moyen bien simple n'est pas toujours infaillible, il est du moins d'une grande utilité ;

4° *Le blanc des racines*. Cette maladie peut, en vingt-quatre heures, tuer des arbres forts, vigoureux, même d'une vingtaine d'années. Elle apparaît pendant les grandes chaleurs à la suite de fortes pluies d'orage ; elle est souvent déterminée par des arrosements donnés en temps importuns ; le pêcher est l'arbre qui craint le plus les arrosements dans les grandes chaleurs.

Les autres maladies du pêcher sont moins difficiles à guérir que celle-ci ; elle ne se manifeste extérieurement qu'après les ravages qu'elle a causés intérieurement ; on peut cependant la combattre efficacement : dès qu'un arbre semble souffrir et que ses feuilles paraissent fatiguées, il faut sans retard découvrir les racines, retirer l'écorce jusqu'au vif pour enlever tout le blanc qui s'y est attaché, puis il faut laver le collet de l'arbre et les racines avec une brosse sur toutes les parties attaquées. Ce premier soin rempli, et sans désemparer, on doit les frotter vigoureusement avec de l'oseille fraîche dont on fera couler le jus sur toute la surface de la plaie.

On laisse sécher pendant un jour, et l'on applique au collet de l'arbre et sur toutes les parties gâtées un mélange de fleur de soufre, de charbon pilé et de sel dans les proportions suivantes :

1° Fleur de soufre. . . . 7/10

2° Charbon pilé. 2/10

4° Sel égrugé fin 1/10

Après avoir bien saturé les parties malades, il est bon de répandre ce qui reste de ce mélange dans la terre qui va recouvrir les racines.

Je ne présente pas ce remède comme infaillible, mais s'il reste de l'écorce jaune dans les racines endommagées, il y a quelque chance de sauver l'arbre.

5° *Le rouge.* Ce mal est le plus redoutable de tous, en ce qu'on n'en connait pas la cause et qu'on en cherche encore le remède.

Les rameaux se colorent en rouge vif, puis en rouge foncé, et si l'arbre ne meurt pas instantanément, il languit une année encore et ne semble résister au mal que pour affliger plus longtemps l'œil du propriétaire. Le plus sage est de le remplacer, car il ne guérira jamais.

§ 2. — Des Insectes.

Le pêcher est attaqué par le tigre, les charançons, les chenilles, les perce-oreilles, les pucerons, les fourmis et le kermès.

Le tigre est un petit insecte qui s'attache aux feuilles du pêcher où il trouve sa nourriture, puis il dépose ses œufs sur les branches qu'il envahit et qu'il couvre entièrement ; on doit, pour préserver l'arbre, faire des lavages avec de l'eau de savon et brosser les rameaux qui sont couverts d'insectes. J'ai vu employer utilement pour ces lavages l'eau de lessive mélangée de savon noir et de chaux vive.

Les charançons et les chenilles attaquent principalement les bourgeons. Il faut faire au printemps d'assez fréquentes inspections des arbres pour enlever tous ces ennemis qu'on peut facilement détacher de la branche ou de la feuille par une secousse brusque, mais légère.

Les perce-oreilles ou forficules vivent aux dépens des bourgeons et des fruits où ils font une première plaie, que bientôt les guêpes et les frelons aggravent et augmentent au point de s'y creuser un asile où ils vivent comme le rat dans son fromage ; en peu de temps le fruit ainsi endommagé n'est plus présentable.

Le perce-oreille recherche la fraîcheur, et pendant la chaleur de la journée on le voit se réfugier derrière les parties les plus touffues de l'arbre ou dans le bois du treillage et souvent entre les pierres du mur. Pour en rendre la chasse plus facile, je place de distance en distance, dans chacun de mes pêchers, des bouquets de rameaux garnis de leurs feuilles. Les perce-oreilles y vont chercher la fraîcheur qui leur est nécessaire ; j'enlève plusieurs fois

dans la journée ces bouquets que je replace après
en avoir détruit tous les habitants ; mais c'est une
chasse continue qu'il faut leur faire.

Les pucerons causent un double mal au pêcher,
en s'attachant aux bourgeons qu'ils attaquent sans
merci, et en déposant leurs œufs sur les feuilles
qui se contractent et ne remplissent plus leurs fonctions si nécessaires au mouvement de la sève ; mais
ils sont la cause de plus de mal encore en attirant
les fourmis, qui sont très-friandes de les sucer ; elles
ne s'en tiennent pas là, car alors elles se montre-
raient des auxiliaires très-utiles pour l'homme ;
elles attaquent les nervures de la feuille pour y
puiser les sucs qu'elles renferment, et j'ai vu de
jeunes arbres ne pas résister à cette double inva-
sion.

Je combats les pucerons par de fréquents lavages
avec de la fleur de soufre et de l'eau dans laquelle
je mets cinq centilitres de vinaigre camphré, j'emploie également la poudre insecticide. Quant aux
fourmis on est dans l'usage de les attirer dans des
vases d'eau miellée, où elles se noient ; mais il faut
chaque jour renouveler cette eau et faire disparaître
les corps des victimes pour que leur mort ne soit
pas un avertissement qui révèle le piége et les
dangers.

On a conseillé contre le kermès ou punaise du

pêcher l'usage du pétrole, de la benzine et autres huiles, etc. ; l'expérience a prouvé que ces moyens sont trop dangereux. Ce qui m'a le mieux réussi, c'est de frotter les branches attaquées avec une brosse à dents.

§ 3. — Des Engrais.

Les engrais sont généralement utiles ; toutefois il faut en faire usage avec modération : nécessaires quand l'arbre se développe difficilement dans un terrain peu favorable, ils peuvent nuire quand l'arbre offre une forte et riche végétation; la pléthore est à redouter en arboriculture comme elle est funeste à l'homme.

Ces réserves posées, je recommanderai en première ligne un engrais qu'il est toujours facile de se procurer à peu de frais et en grande quantité. C'est un compost formé avec les détritus du potager et de la maison ; je le préfère, pour les jardins fruitiers, aux meilleurs fumiers d'écurie.

Pour le composer, choisissez une place au nord, ombragée par des arbres; dressez-y une plate-forme d'une étendue proportionnée à la quantité de fumier nécessaire ; donnez-lui une inclinaison qui facilite l'écoulement sur un point donné de tout le jus de cet engrais, qui arrivera ainsi dans une barrique enfouie en terre et où l'on pourra puiser pour les arrosements de ses fumiers, afin d'empêcher les herbes de se déchausser ; puis chaque jour on jette sur le tas tous les débris de la cuisine, les eaux de vaisselle, de savon et en général toutes les eaux ménagères.

On arrose à plusieurs reprises le tas de fumier avec les premières eaux arrivées dans le réservoir et qui ne sont pas encore suffisamment imprégnées des sels et des gaz. En quinze jours tous ces détritus, enrichis des balayures de la maison, des cendres, de la suie, forment un compost excellent comme engrais à mettre dans le sol et au pied des arbres, mais ils profiteront plus encore si on les arrose avec le jus de ce fumier ; l'engrais liquide est ce qu'il y a de plus précieux pour favoriser la végétation : avec lui rien n'est impossible.

Il est facile de fabriquer de grandes quantités d'engrais liquides sans une grande dépense : il suffit d'avoir un réservoir bien bouché, comme une citerne, même des tonneaux ne fuyant pas. On y composera un excellent engrais liquide à l'aide d'un des moyens suivants :

1° *Le guano*, le plus riche et le plus énergique des engrais connus, mis en dissolution dans douze fois son volume d'eau ;

2° *La colombine* recueillie dans les pigeonniers, et poulaillers, étendue dans trente fois son volume d'eau, et désinfectée avec cent grammes de sulfate de fer par hectolitre.

3° *Les matières fécales* dissoutes dans vingt fois leur volume d'eau et désinfectées avec cent grammes de sulfate de fer par hectolitre ;

4° *Les urines* étendues dans trois fois leur volume d'eau avec cent grammes de sulfate de fer par hectolitre ;

5° *Le sang des abattoirs et les purins,* étendus dans deux fois leur volume et cent grammes de sulfate de fer par hectolitre ;

6° Je fabrique également un fort bon engrais liquide avec du *crottin de cheval* mis dans deux tiers d'eau de son volume.

Je laisse le tout dans une barrique défoncée, pendant quelques jours, et je l'emploie quand la fermentation commence.

Je crois nécessaire de renouveler ma recommandation, pour tous les arrosements à l'engrais liquide, d'avoir soin de former autour du pied de l'arbre une saignée circulaire de un mètre dix centimètres à un mètre cinquante centimètres de diamètre suivant la force de l'arbre, afin que l'engrais, s'infiltrant dans le sol vers l'extrémité des racines, leur arrive plus directement. Deux ou trois arrosoirs suffisent pour chaque pied d'arbre.

J'ai déjà dit que tous les arrosements doivent se

faire après le coucher du soleil ; de plus j'ai le soin de couvrir le sol humide de paille ou de toute autre couverture pour empêcher l'évaporation.

Je ne saurais trop insister pour déterminer ceux qui veulent bien suivre mes conseils à faire le compost à l'aide de tout ce que l'on jette dans les maisons les mieux tenues. Rien ne doit être perdu, et la cuisine la plus modeste fournit, avec les eaux grasses seulement, des éléments précieux de fertilité ; il n'est plus alors de sol improductif ou seulement médiocre, et en quelques années on l'améliore si bien qu'on en obtient d'excellents et d'abondants produits.

TABLE.

NOGENT-LE-ROTROU, IMPRIMERIE DE A. GOUVERNEUR.

www.ingramcontent.com/pod-product-compliance
Lightning Source LLC
Chambersburg PA
CBHW070903210326
41521CB00010B/2036